月物語
写真　星河光佑
文　杉山久仁彦

はじめに

あなたは最近月をゆっくり眺めたことはありますか？
仕事に追われていて、月を見る時間などないのではないでしょうか、
いや、それは月を見つめてはいけないという古来の迷信のせいでしょうか、
または、月の光を浴びるとルナティック（狂気）が芽生えると思い込んでいるのかも知れません？
Ｇｏｏｇｌｅ Ｍｏｏｎで十分という答えも考えられます。
月と人類の長いつきあいを【七つの物語】にまとめました。
意外な発見もあるかも知れません。
星河光佑氏の月の写真を鑑賞しながら
この際、月に関する文化を調べてみましょう。

◉ 西の空に沈み行く三日月、木立の陰からそっと覗き込む。

【本書について】

◎本書は風景写真家星河光佑が長年撮りためた夜景写真の中から、「月」をテーマにした写真を集めて一冊にまとめたものです。

◎月をより深く知るために、月と人類の関わりの歴史から七つの「月物語」を配置しました。

◎撮影した季節や時間に関してはランダムに並んでいます。

◎撮影場所は写真家の行動範囲である北海道内に限られています。

●遥か昔にこのカルデラ湖が誕生し、永い時が経った。そして現在、穏やかな湖面に浮かぶ中島の陰が神秘的。

月物語【目次】

はじめに……2
本書について……5
月について……8
風景の中の月……11
【月と桜の語り】……12
月の詩【湖上】中原中也作……14
【別れの月】……16
【月への扉】……18
【夜明けの月】……20
【月光の空間】……22
【月影】……24
【金色月夜】……25
【遙か遠くからの訪問者】……26
【月との語らい】……28
【夜想曲の詩】……30
【月明かりの桜坂】……34
【月の記憶】……36
【月光浴の花】……38
【黎明の時】……40
【月の衣】……42
【水鏡に写る月光】……44
【時の流れの途中】……46
【秘密の花園】……50
【光の競演】……52
【天然の舞台装置】……54
【夜と昼との境】……56
【月光の輝く世界】……58
【月の出を望む】……60
【春を待つ丘】……62

七つの【月物語】

月物語 その一 古代人と月……17
月物語 その二 ガリレオの描いた月……33
月物語 その三 月面地図製作小史……48
月物語 その四 月のフォークロア……65
月物語 その五 竹取物語と月……82

時間の中の月

時間の中の月 …… 69
【静かな時の流れ】 …… 70
【月に隠された太陽（部分日食）】 …… 72
【月と太陽の出会い】 …… 74
【月と太陽のランデブー】 …… 76
【月の道】 …… 78
【月光浴の水辺】 …… 80
【田んぼの中の月】 …… 84
【月と星のイメージ】 …… 86
【時空の回廊】 …… 88
【月の刻印】 …… 90
【青い時空】 …… 92
【月夜の菜の花畑】 …… 96
【時の発着駅】 …… 100
【沈み行く月跡】 …… 102
【月、太陽、星の饗宴】 …… 104
【波に削られた海岸オブジェ】 …… 106
【脈動する太陽と月】 …… 108
【駆け上がる白道の刻】 …… 110
【月光と花園】 …… 112
【流氷の月道痕】 …… 113
【時を刻む天空時計】 …… 116
【月と太陽の物語】 …… 118
【親子の木】 …… 120
【月暈の光】 …… 122
【月に捧げる50冊】 …… 123
月の読書案内 …… 124
あとがき …… 126

月物語 その六 月世界旅行 …… 95
月物語 その七 描かれた日本の月 …… 98

【COLUMN】

詩【月の光は音もなし】中原中也 …… 10
ガリレオ・ガリレイ『星界の報告』より …… 32
詩【半月】ロルカ …… 68
詩【月に寄す】シェリ …… 94
データで見る 月の科学 …… 64
月の雑学 【月偏の漢字と人体】／【クロワッサンの話】／【月がなかったら人間も存在しなかった？】／【月の虹】／【月の錯視問題】／【月の住人？】 …… 114

【月について】

古来「月」は人類にとって想像力の源の一つでした。そのために月にまつわる伝説も多く、文学にも頻繁に登場する重要なモチーフです。

月の神秘さは一九六九年七月二十日アポロ11号の月の軟着陸成功によって消えたはずですが、一向にそのオーラが消えた様子はありません。

満月の夜には人も動物も異常行動を引き起こす確率がたいへん高くなるというのは、医学的な統計が示しています。ただし、それが月のせいだという、科学的な証明はされていません。

SF映画の古典であるジョルジュ・メリエスの「月世界旅行」や「禁断の惑星」の中で、空気のある月面で虎が動き回っているような古典的なイメージの後で、アポロ11号の月面中継と、アーサー・クラークのSF映画「二〇〇一年宇宙の旅」を見たことで、私たちの持つ月の印象を塗り変えてしまいました。ここで私たちは宇宙に対して新たな神秘主義を

感じたものでした。しかし、その時点では月に関して十分な情報を持っていたわけではありません。

地球の赤道面は公転軸に対して23度26分傾いていることの重要さや、もし月がなかったら人類は存在していなかったことなどは今でもあまり知られていませんが、これは重大な事実です。つまり、地球の生命は宇宙における千載一遇の存在なのです。

にもかかわらず人類の無計画さの結果、環境破壊は止まらず、生物多様性を叫んでも種の絶滅を止めることはできません。終末論の噂も聞かなくなったのは、地球の危機は冗談ではすまされないステージに入ったからなのかもしれません。

幸い、月は人間の愚かな企みを受け付けない距離にあって、悠久の昔から地球の物理的なバランスを保ってくれています。

私たちはここで、人類が月との対話で築いてきた文化や、月と地球の関係を、美しい月の写真を鑑賞しながら、改めて考えてみましょう。

◉ 風の岬と呼ばれるようにここは風が吹き抜ける場所、立っていられないほどの風が容赦なく吹き付ける。

C O L U M N

【月の光は音もなし】

月の光は音もなし、
蟲の鳴いてる草の上
月の光は溜ります

蟲はなかなか鳴きまする
月ははるかな空にゐて
見てはゐますが聞こゑない。

蟲は下界のためになき、
日は上界照らすなり、
蟲は草にて鳴きまする。

やがて月にも聞えます、
私は蟲の紹介者、
月の世界の下僕です。

◉中原中也『中原中也全集』角川書店より

風景の中の月

シンボルとしての月は、地上の風景との
組み合わせで新たな感動を生み出す。

【月と桜の語り】

◉ 丘に残された一本の蝦夷山桜、今年も見事に咲いてくれた。

【湖上】

中原中也

ポッカリ月が出ましたら、
舟を浮べて出掛けませう。
波はヒタヒタ打つでせう、
風も少しはあるでせう。

沖に出たらば暗いでせう、
櫂《かい》から滴垂《したた》る水の音は、
昵懇《ちか》しいものに聞こえませう、
――あなたの言葉の杜切れ間を。

月は聴き耳立てるでせう、
すこしは降りても来るでせう、
われら接唇《くちづけ》する時に
月は頭上にあるでせう。

あなたはなほも、語るでせう、
よしないことや拗言《すねごと》や、
洩らさず私は聴くでせう、
——けれど漕ぐ手はやめないで。

ポッカリ月が出ましたら、
舟を浮べて出掛けませう、
波はヒタヒタ打つでせう、
風も少しはあるでせう。

『中原中也詩集』

【別れの月】

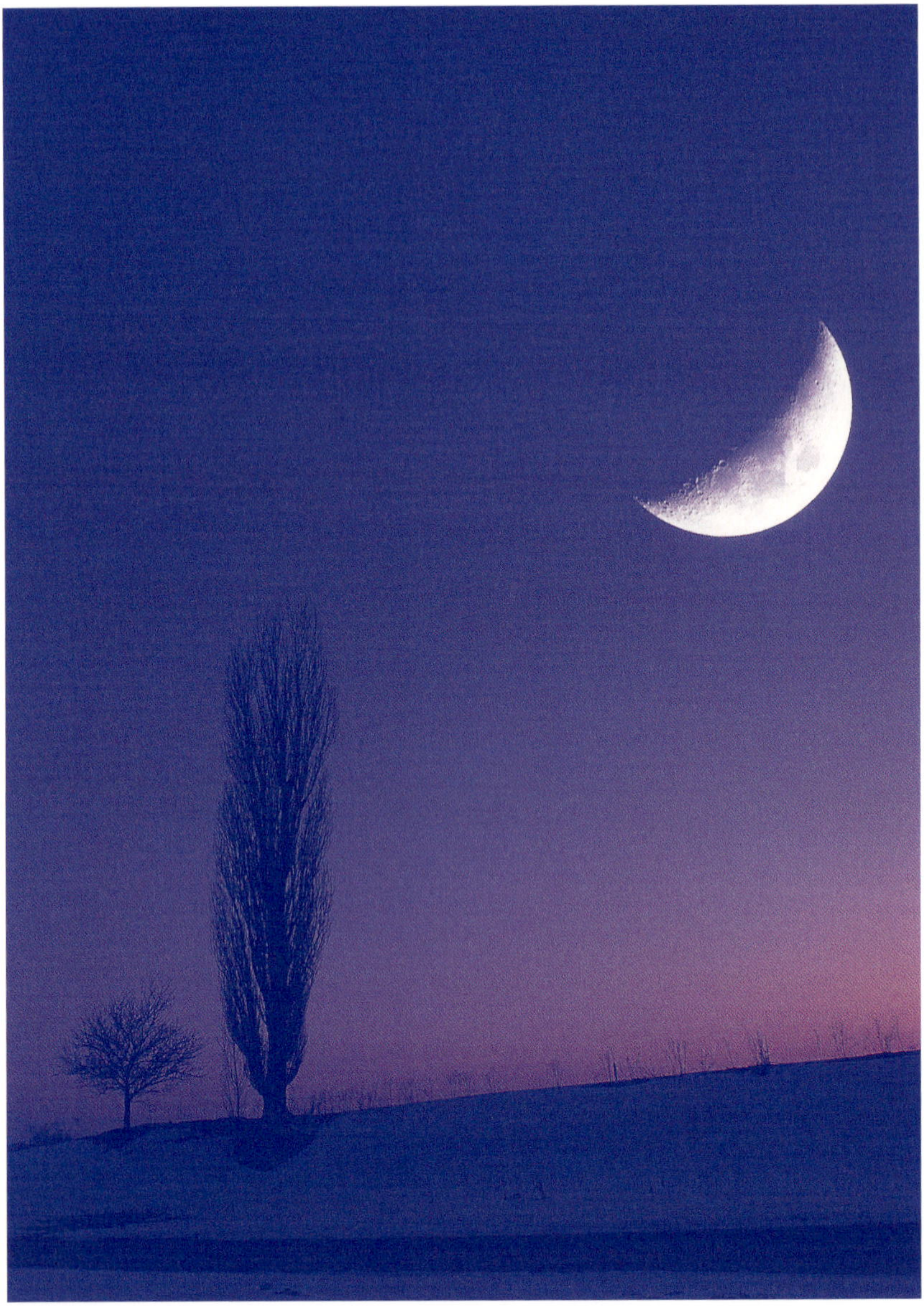

◉ 天紫から群青への世界へと引き継がれるドラマチックな時間帯。

【月物語】その一　古代人と月

クロマニヨン人の中の切れ者がおよそ一万三〇〇〇年前、月を見上げながら鷲の骨片に刻みを入れています。どうやら彼は二十九日半で繰り返す月の形を観察しながら暦の原型らしきものを作成していたようです。考古学者は類似した刻みのある骨を三万年前まで確認しています。この時点ではまだ月をシンボル化した様子は確認できません。

　やがて形成された文明の大半が月を崇拝していました。バビロニアでは最古の月神をシンと呼び、シュメール人は月の神をイナンナ（ナンナ）、エジプト人はコンスと呼びました。ギリシアとローマの月神は三つの顔を持っています。真っ暗な時はヘカテ、月が満ちてくるとアルテミス（ディアナ）、満月の時にはセレネ（ルナ）と呼びました。日本にはイザナギから化生した月神月読命《ツクヨミノミコト》がいます。つまり、古代の社会では月をシンボル化して祭事や吉凶占いなどに用いました。

クロマニヨン人のカレンダー？

　天球上における太陽の見かけの通り道を黄道と言います。黄道帯を十二等分したものが有名な黄道十二宮です。また、月の通り道の場合は白道と呼ばれます。中国の『漢書』にある月の九道（黒道、白道、赤道、青道、黄道他）の中の一つが白道になっていますので中国から来た命名でしょう。古代の人々はこの白道を二十八、あるいは二十七に分割し、それぞれに月宿《げっしゅく》としました。ある満月から次の満月までの期間 朔望月（≒29・53日）ですが、月宿は月の恒星月（≒27・32日）から来ています。恒星月の日数の端数を切り捨てれば二十七宿、切り上げれば二十八宿となります。日本ではあまり聞き慣れませんが、月宿《げっしゅく》は、「月の宿り」を意味するもので、星座と関連があり、日本や中国では一般に星宿とも呼んでいるようです。月宿の成立などはよく分かっていません。アラビア起源説、中国起源説、インド起源説などがあるようです。アラビア起源説にはアラビア語のアルファベット二十八文字は神のことばコーランを記したものであり、説得力があります。中世の数学者ビールニー（一〇四八年没）は「これにより宇宙と神のことばが密接に結合された」と述べています。

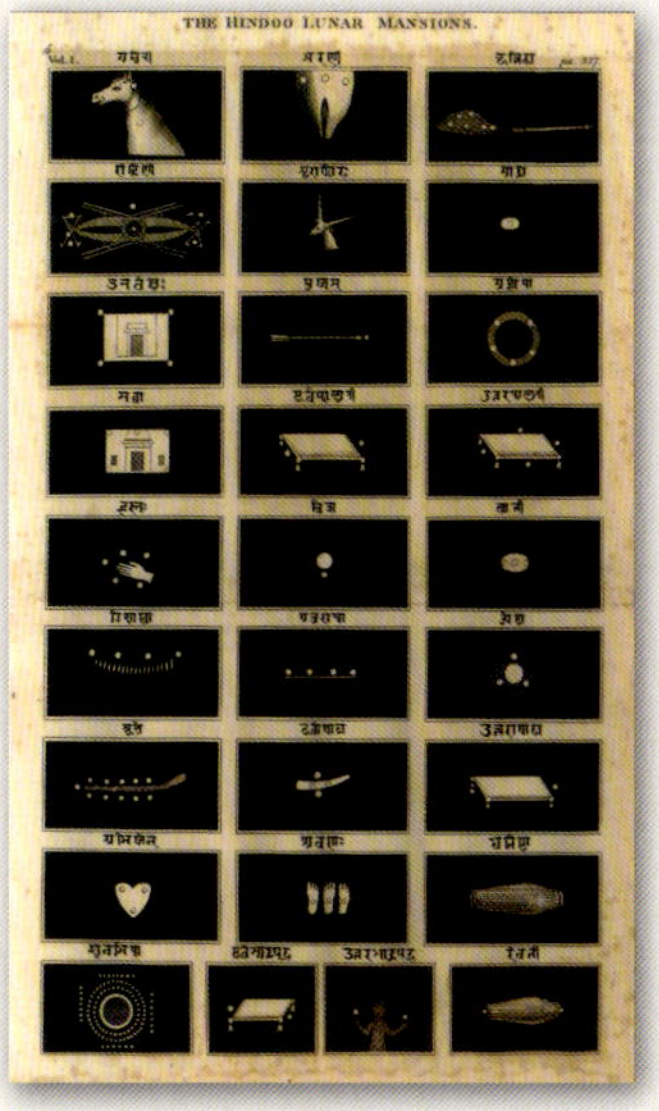

ヒンドゥーの月の28宿のシンボル

【月への扉】

◉ 天空に輝く月は地球のすぐ隣なのです。

【夜明けの月】

◉ 夜明け色の青い光が冬の山に美しいコントラストを描き出し、夜の世界から昼の世界へと引き継がれる。

【月光の空間】

◉ 海に浮かび上がる鳥居が異空間への入口、神秘的な次元を感じる。

【月影】

◉宵闇の近づく森に上限の月が下りる頃。

【金色月夜】

◉月明かりが川面に反射し金色に輝く、川辺には水鳥が羽を休め水の流れに漂う。

【遥か遠くからの訪問者】

◉ 1997 年に地球に接近したヘール・ボップ彗星、史上希に見る接近で話題となる。次に地球に接近するのは 4530 年ごろとな

【月との語らい】

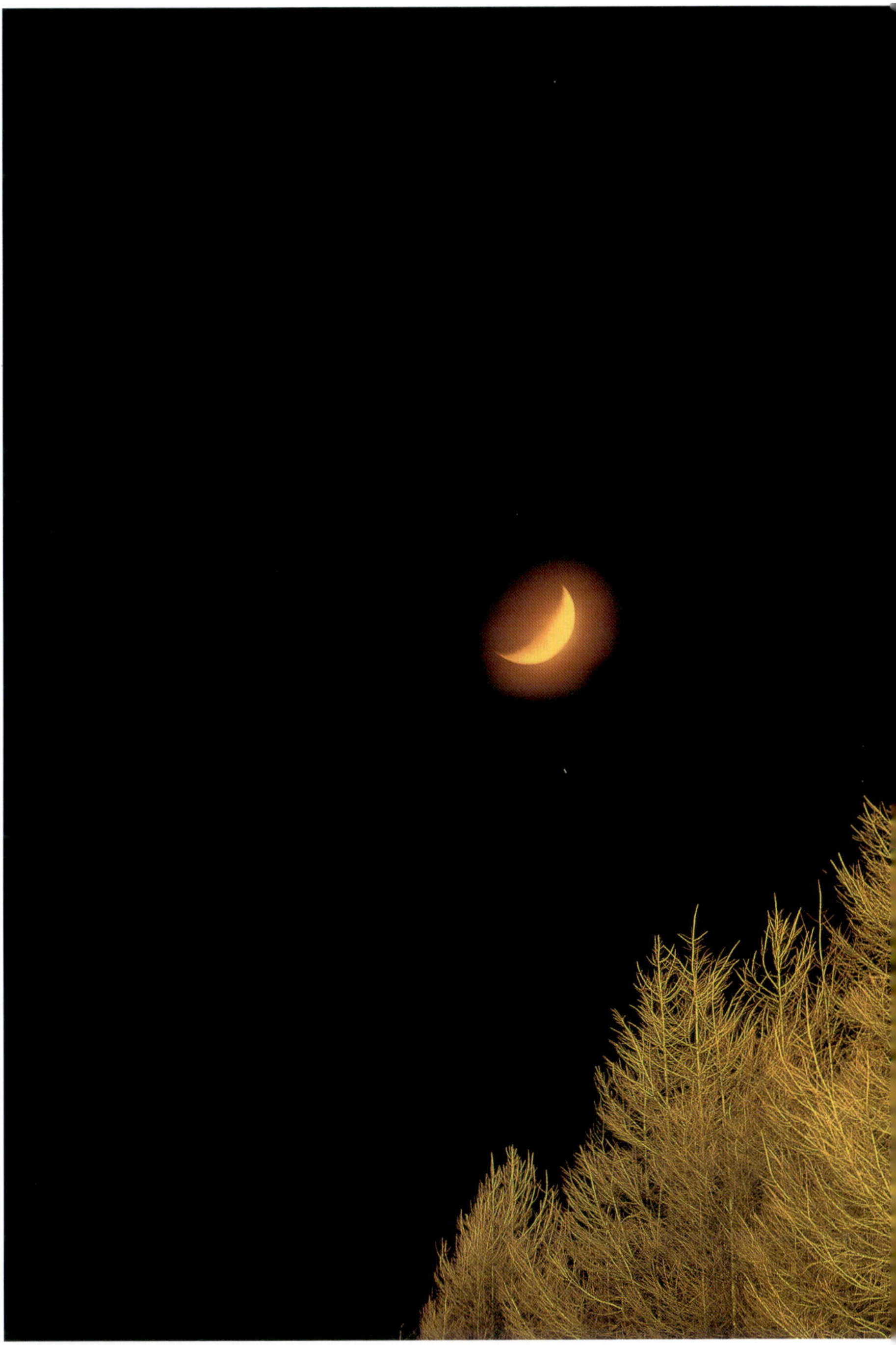

◉ 季節を超えゆっくりと流れる時の中、月の満ち欠けを繰り返し規則正しい月の巡行が続いてゆく。

【夜想曲の詩】

◉ 満月と街の灯りが程よく溶け込み、岩場に打ち寄せる波が長時間撮影により程よい光のハーモニーを造り上げた。

C O L U M N

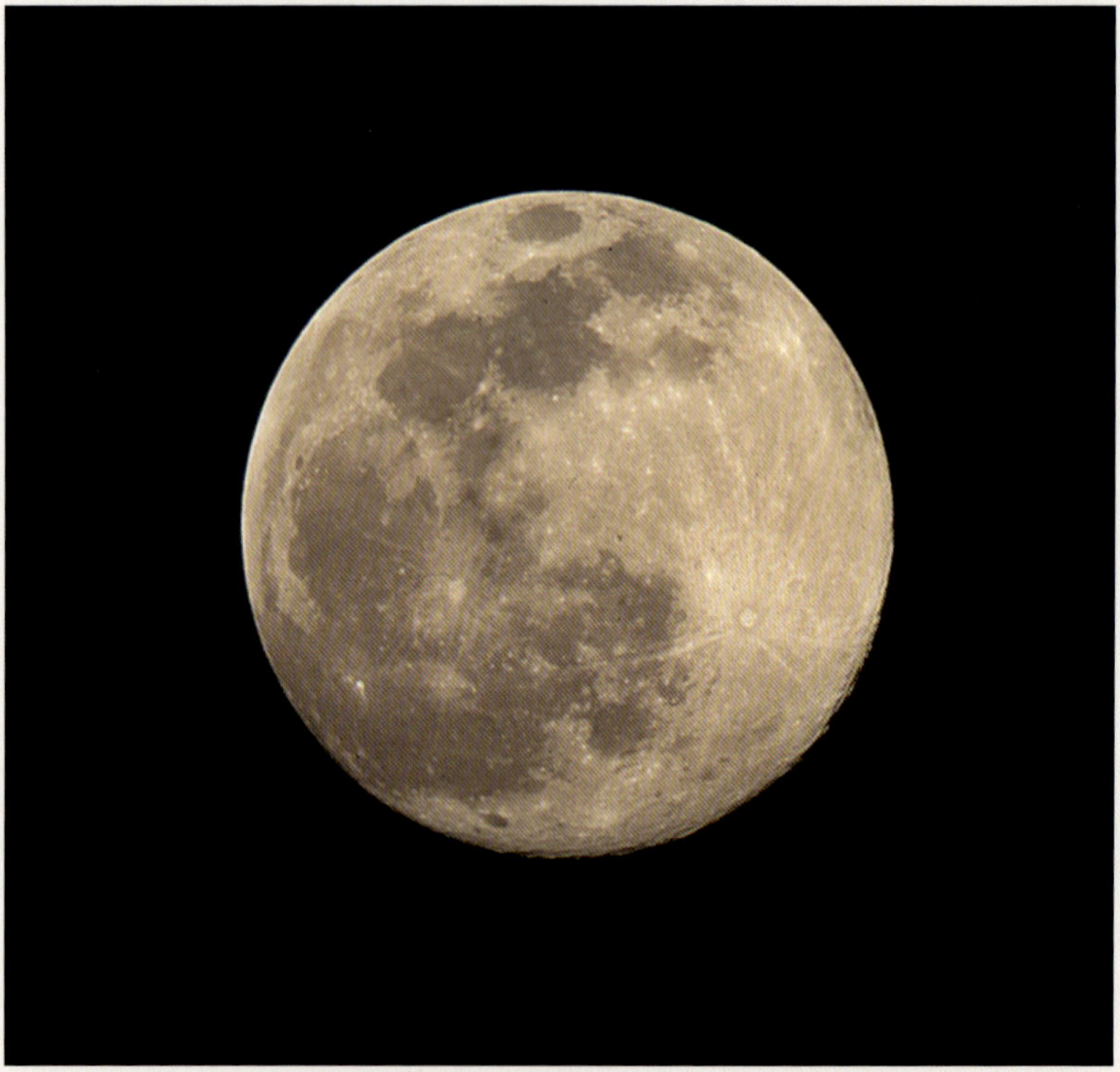

……月はもう一つの地球である、という古代のピュタゴラスの考えを復活させようとするならば、そのより明るい部分を地面、逆に、より暗い部分を水面と表現できるだろう。私はかねがね、太陽光線に照らされている地球を遠くからみれば、地面は明るく、水面は逆に暗く見えるはずだ、と確信していた。……

世界大思想全集31・ガリレオ、ケプラー『星界の報告』藪内清訳、河出書房新社より

【月物語】その二　ガリレオの描いた月

眼鏡屋のヤンセンとリッペルスハイは、一六四〇年、オランダのミッテルブルグでオモチャのような望遠鏡を発明しました。この話をイタリアで聞きつけたガリレオ・ガリレイは、その一〇ヶ月後には自作の高倍率の望遠鏡を完成させています。ガリレオは五個目に作成した望遠鏡で観察した事実を著書『星界の報告』にまとめて出版しました。この時点ではまだ公然と地動説を支持していませんでした。彼は冒頭で「地球半径の六〇倍も離れている月の本体がわずか二倍しか離れていないように近く見える。美しい、心をそそる事実ではないか。……中略……月はなめらかで平らな表面に覆われているのではない。地球の表面とおなじように、粗くて凸凹にとみ、大きな丘陵や深い谷や褶曲に覆われている。」（藪内清訳、世界大思想全集、河出書房新社）と書いています。

ガリレオはこの感動をもって自分の見た月の姿を水彩画で描いています。望遠鏡を自作し、達者な描写能力を持つガリレオはレオナルド・ダ・ビンチ型の人物でもあったようで、彼の絵は当時周囲から一目置かれていました。しかし、現代の天文学者の意見は異なり、彼のスケッチに関して、「ガリレオが月のどの部分を描いたのか分からない」という辛口の意見もあります。

自然観察の記録はルネッサンス時代に科学書専門の挿絵描きが登場するまで、学者が自ら描くスタイルが多かったのですが、木版印刷や活版印刷で印刷するために、徐々に分業化されます。しかし、レオナルド・ダ・ビンチのように自ら描画するタイプの科学者はその後も数多くいました。例えばアイザック・ニュートンの場合さして上手ではありませんが、一生懸命挿絵を描いています。

科学における挿絵はことさら重要視されてきませんでした。最近になってようやく、図形言語としてのサイエンス・イラストレーションを、再評価する気運が出ています。ガリレオのスケッチや挿絵は以後の研究者の観察記録の下地を形成した点で高く評価されるべきで、詳細が分からないという意見が、その評価を下げることはないでしょう。

ガリレオ・ガリレイ
(1564-1642)
イタリア

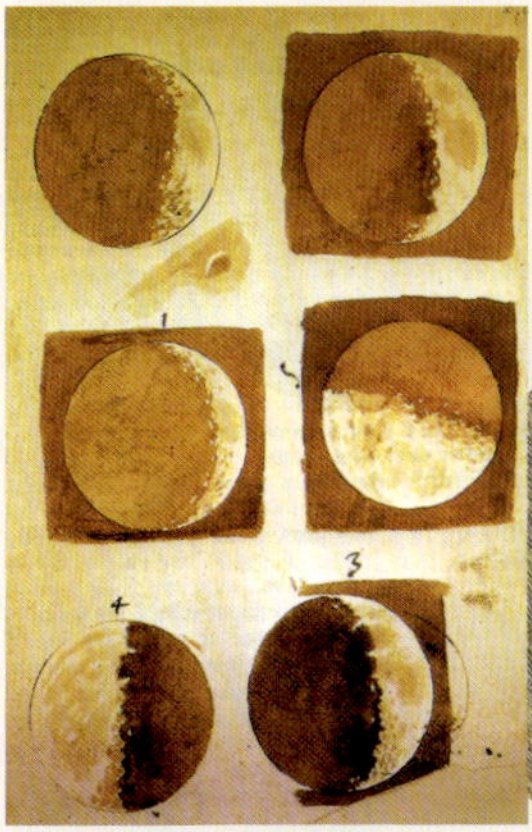

ガリレオ『星界の報告』
(1610年) より。

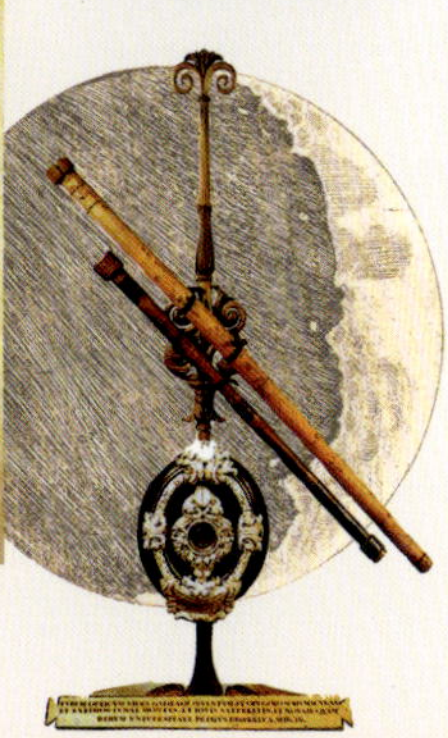

【月明かりの桜坂】

◉ 風そよぐ月明かりの桜坂、ピンク色の花びらが月の光に輝いていた。

【月の記憶】

◉ 大地に根を張る大きな木、何度も季節を超え重ねた時を見つめ続けてきたその夜空に、今日もまた何度目かの月が

【月光浴の花】

◉ 蓮の花咲く水辺に夜の帳が少しずつ下ろされ、夕霧の月が辺りを優しく照らし出す。

【黎明の時】

◉ 夜明け色に染まる冬山、夜空に輝いていた星たちも、夜を惜しむかのように月が最後の光のエンディングを飾

【月の衣】

◉ 月にかかる雲、恥ずかしげに隠れる月が雲の衣を纏《まと》うようだ。

【水鏡に写る月光】

◉ここは北海道の洞爺湖、遥かな時を超え湖となった湖面、水鏡となり月の光が怪しく輝く。

【時の流れの途中】

◉朽ち果てた大木、残された根の存在感が時の経過を物語る。

【月物語】その三　月面地図製作小史

月の地図は望遠鏡の発明に始まり、望遠鏡の倍率の向上とともに天文に関心のある科学者たちによって続々と精細な月の地図が作成されています。おそらくイギリスの数学者トーマス・ハリオットが一六〇九年に書いたスケッチ①が最初ではないかといわれています。とすると、ガリレオ・ガリレイが最初に月面を自作の望遠鏡で観察し、スケッチしたという話が崩れることになります。ハリオットはノーサンバランド伯がロンドン塔に招集した三人の学者の一人です。自分の研究を公開したがらなかったために、その業績は後になって判明したのです。ガリレオが一番かどうかは別としてそのスケッチ②は美しいものでした。その後、一六一一年太陽の黒点観測で有名なシャイナー、一六三四年フランスのド・メラン、一六四五年イタリアのレイタ③があります。明暗の感じは⑨の月の写真に近いのでよく見て描かれています。一六四七年ポーランドの天文学者ヨーハン・ヘベリウスが出版した『月面図譜』④は大型で印刷も素晴らしく、他の地図に比べ群を抜いています。この図には地球上の地名が二百五十個もつけられています。一六五一年グリマルディとリッチョーリの地図⑤には月に学者や探検家の名前を付けられました。個人的にはトビアス・マイヤーの地図⑥がお気に入りです。一六七八年アタナシウス・キルヒャーの図⑦、パリ科学アカデミー機関誌の一七七五年版を確認していたときにたまたま見かけた月のエッチング⑧が一連の図とは少し違っていたので掲載しておきます。一八九三年ギルバートは「雨の海」を取り囲む放射状の模様をスケッチしています⑨。

月面地図の美しさは必ずしも詳細に描かれていれば良いというわけではありません。観察者の絵心の問題や、専門の版画家の参加で徐々に精巧な地図が描かれて行きますが、月面の山や平面に地球上の地名や人名を付けるなどの行為は政治的な意図も感じます。死の星の先取権争いというのは違和感があります。一八五七年には世界初の月面の写真が撮られています⑩。写真の解像度が上がると、手描きの地図は終息に向かいます。手描きの月面地図の終点は一九五一年のウイルキンズの地図が最後の手描き地図だと言われています。現在ではイ

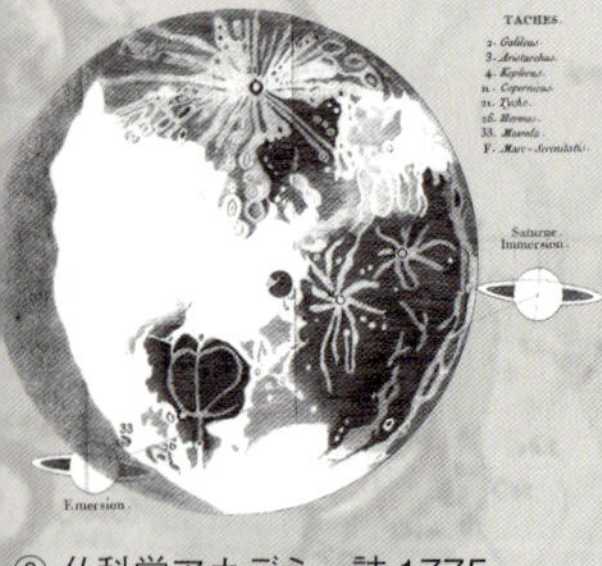

⑧ 仏科学アカデミー誌 1775

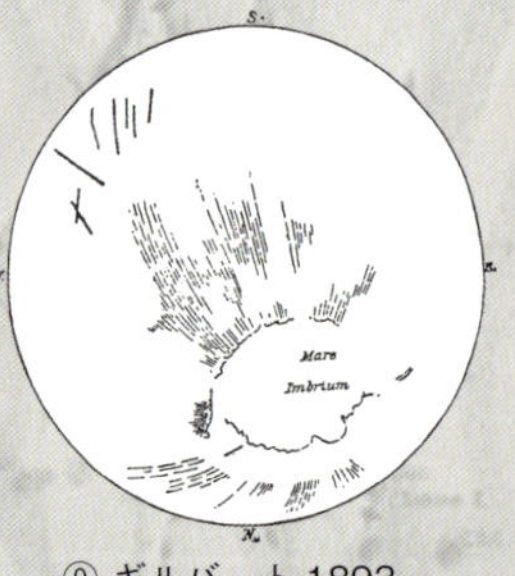

⑨ ギルバート 1893

⑩ 世界初の月面写真 1857

① トーマス・ハリオット 1609

② ガリレオ 1610

③ レイタ 1645

④ ヘベリウス 1647

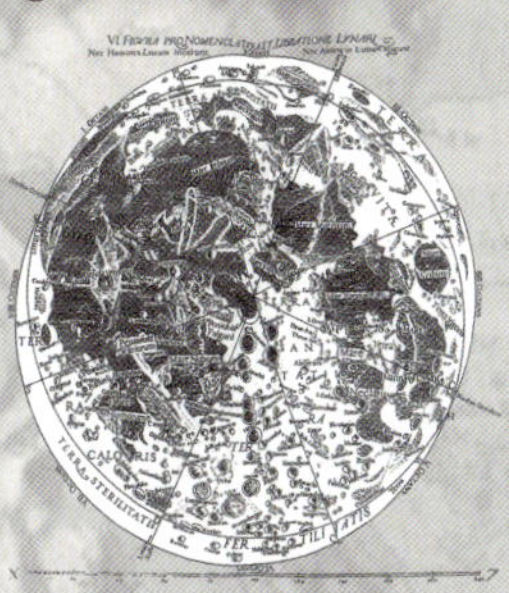

⑤ グリマルディー＋
リッチョーリ 1651

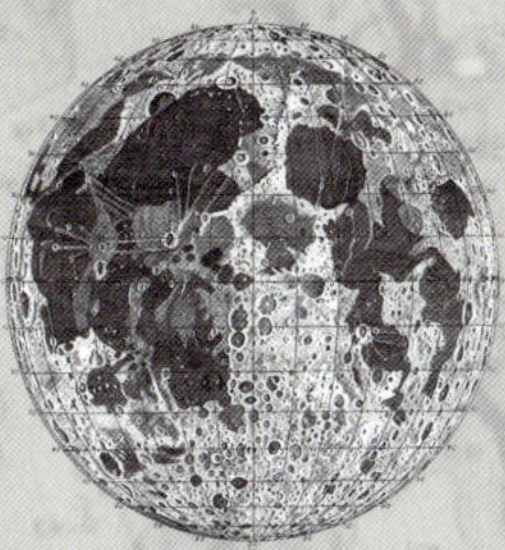

⑥ トビアス・マイヤー 1651

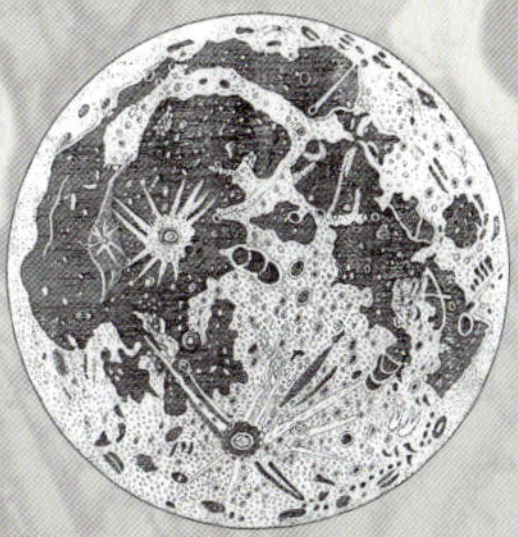

⑦ キルヒャー 1678

【秘密の花園】

◉ 夜の花園、太陽の光を浴び、花びらを一杯に広げた花たちも夜の月明かりの下、眠りに着くのです。

【光の競演】

◉ 漁り火と月の光が競い合い、夜の海に光の協奏曲が響き渡る。

【天然の舞台装置】

◉ 二つが一つになり永い時の流れを超えしっかりと支え合う。

【夜と昼との境】

◉ 夜から昼の世界にかわる時、群青のベールが少しずつ溶かされ、光に満ちた世界へと引き継がれる。

【月光の輝く世界】

◉ ここは滝百選の一つでもある北海道層雲峡、銀河の滝である。

【月の出を望む】

◉ ここは北海道の蝦夷富士ともいわれる羊蹄山、夜の帳とともに山裾から月が顔を見せる。

【春を待つ丘】

◉冬の厳しさに耐え、春の訪れを待つ丘に立つ木々たち。静寂の丘に満月の光が眩しく照らし出す。

C O L U M N

データで見る月の科学

月は地球の周りを楕円軌道で二十九日半で地球を一周します。最短距離と最大距離の差は一割程度です。地球が太陽を中心に自転しながら回転していますので、月の位置は下図のように複雑な位置関係で、地球には常に同じ面を向いています。月の引力で六時間毎に太陽の二倍の潮汐力で海水を月の方向に引き寄せ、干満を繰り返します。

- ◉月の直径：三、四七五キロメートル（地球の約1/4）
- ◉地球からの平均距離：三八万四、四〇〇キロメートル
- ◉月の体積：地球の1/15
- ◉表面温度：マイナス一五〇度c〜一二〇度c
- ◉重力：地球の六分の一
- ◉恒星月：二七・三二日（地球から見て月がある恒星に接近し、次に同じ星に接近するまでの時間。）
- ◉朔望月：二九・五三日（地球から見て月が太陽に対して一周する時間）
- ◉月の水：米航空宇宙局（NASA）は二〇一〇年、三月一日、月の探査で北極付近に大量の水（氷）を発見したと発表。
- ◉月の大気：なし
- ◉月の年齢：四十六億年

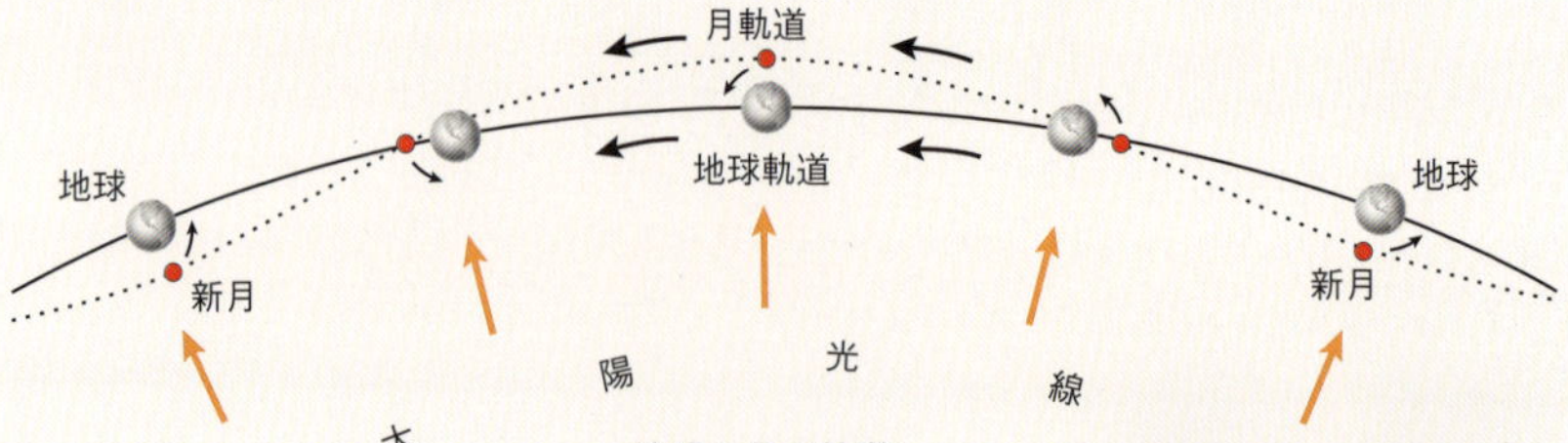

地球と月の軌道

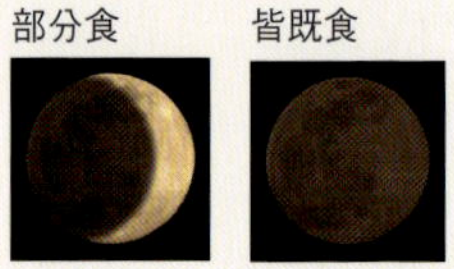

月食の仕組み：月食は太陽・地球・月の順に一列に並んだ時に観測できます。月が地球の影の最暗部に入ると皆既月食になります。月食は多い時で年三回見られます。

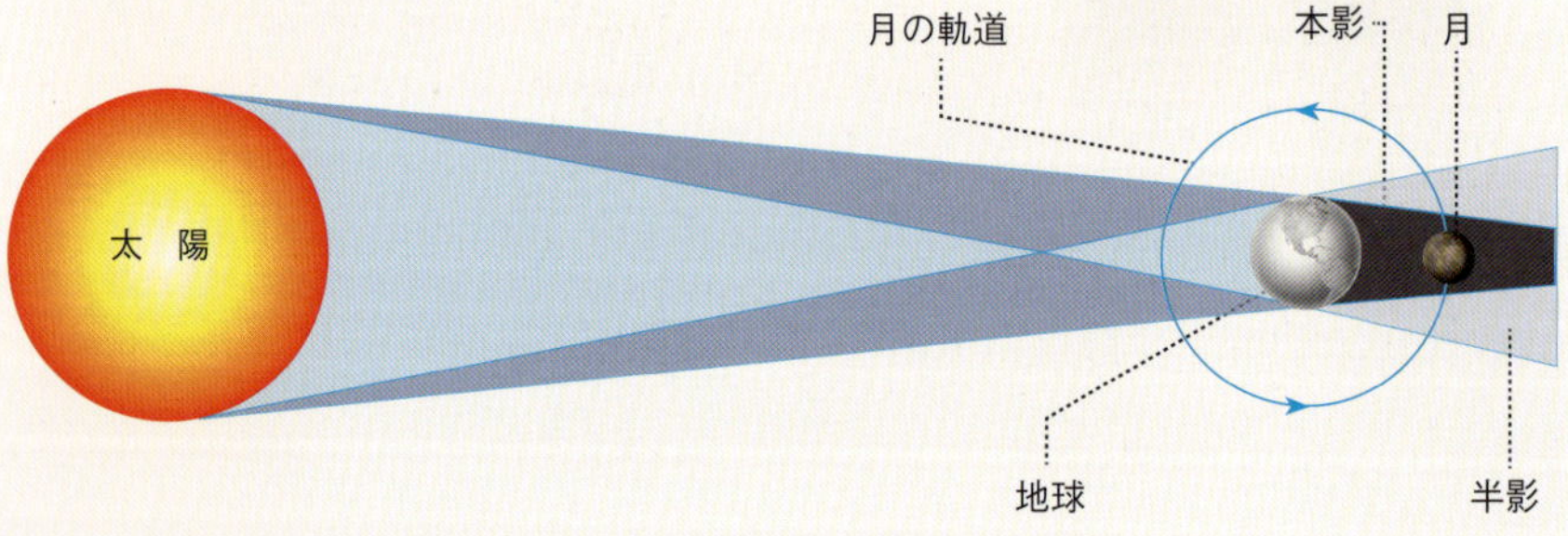

【月物語】その四　月のフォークロア

月に関する伝承を少し見てみましょう。一番身近なところでは月に見える兎さんの話でしょう。月に兎が住むというのは中国、インド、チベット、メキシコ②、北米③、など世界中に広く分散しており、日本には中国経由で伝わったものと思われます④。中国の兎は臼で薬を挽いています①。

月を見つめてはいけないというタブーはこれまた世界中に点在しています。この話は『竹取物語』の中にも登場します。特に三日月や六日月には注意せよ！というのです。「じっと見つめると月に連れ去られる」という話です。これが変化すると「月を指さすと不吉なことがおこる」、他にも「月を笑ってはいけない」という話もあります。

月は人や動物に邪悪な力を及ぼすといいます。人を狂気に導くという話は狼男の伝説やバンパイヤ伝説の底辺にも見え隠れします。米国の医学博士アーノルド・リーバは著書『月の魔力』（東京書籍）の冒頭で「……月やその力に関する古人の知恵を、迷信と片付けることはもはやできない。精細に調べてみる必要がある。……」と述べ、満月の夜に人や動物に異常行動が増えることを、大量のデータから導き出しています。月の潮汐は明らかに女性の生理周期や出産の時間に関係しているようです。⑤は女性への月の影響を表した十七世紀のエッチングです。男達が暗闇の中でカンテラを頼りに歩いていますが、女性達は頭に月からの贈り物を受け取る受信器としての月を頭に付けて、恍惚状態で円舞を踊っています。

①鳳は太陽、兎は月を表しています。

②アスティカの月の兎。16世紀。

③月から生命が誕生するという北米インディアンの図。

④家紋（月に兎）

⑤「女性たちの頭上の月」一七世紀初期のフランスの版画。

【月光と菜の花畑】

◉ 辺り一面菜の花畑、作付け面積日本一と言われる滝川市の菜の花畑の見頃は５月下旬から６月中旬。

COLUMN

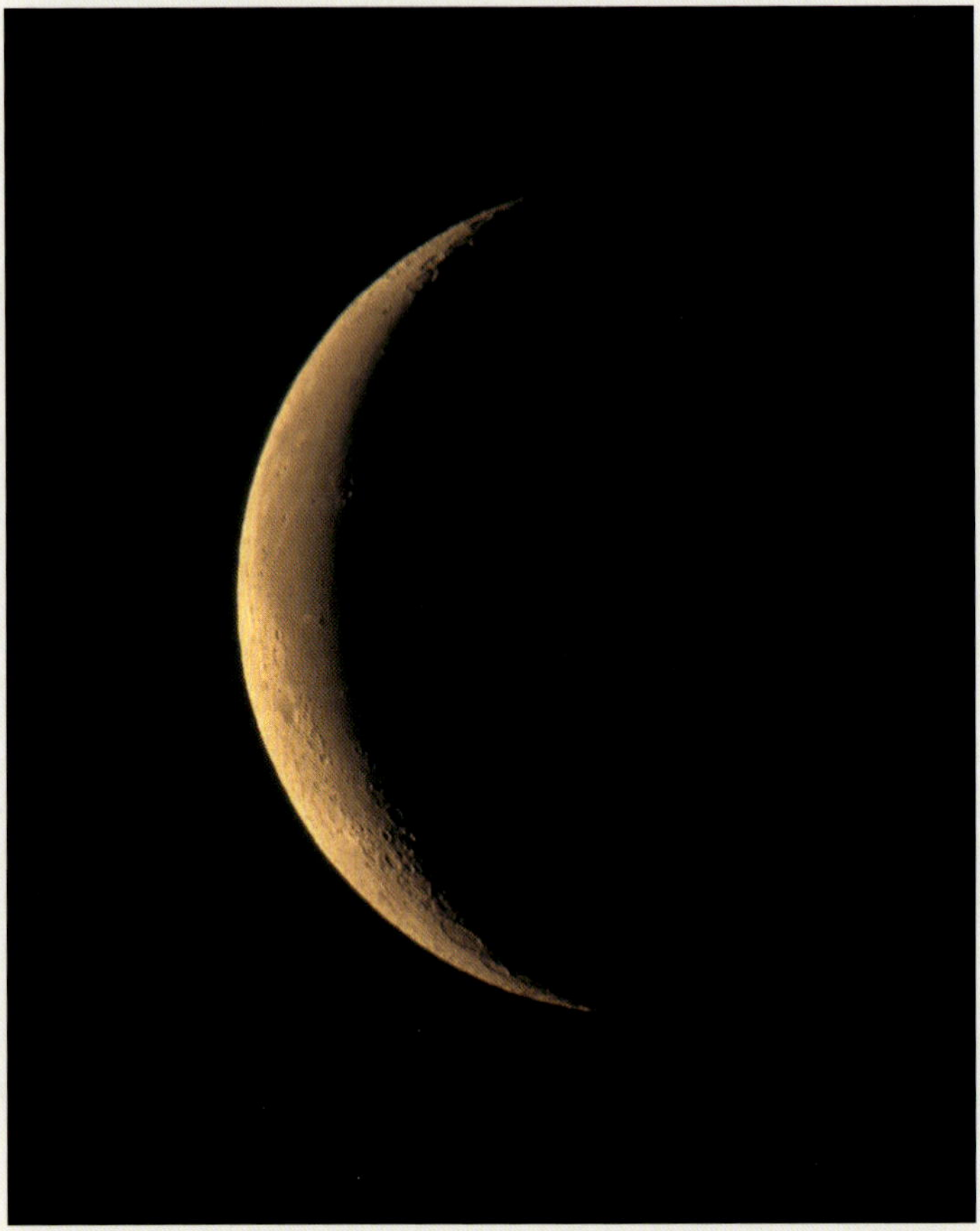

【半月】

月が水の上を行く。
なんて静かな空だろう！
月が　河の年老いた身震いを
ゆっくり刈りこって行くあいだ、
若い枝木が
月を小さな鏡に使っている。

「ロルカ詩集」小海永二訳、土曜美術社出版販売より

時間の中の月

変化する時間を多重露光という手法で、一枚のイメージに重ねることで静止した時間の軌跡を見ることが出来ます。

【静かな時の流れ】

◉ 静寂の湖、時間の経過が光の帯となり時の刻印となった。

【月に隠された太陽（部分日食）】

◉ 天空を東から西へと横切る太陽と月は、近づいたり離れたりを繰り返す。月と太陽が最も近づいたとき、それが

【月と太陽の出会い】

◉月は約 30 日の周期で形を変え満ち欠けを繰り返し地球の周りを巡る。

【月と太陽のランデブー】

◉ 月と太陽は正確なリズムで近づいたり離れたりを繰り返し、天空の時を刻んでいる。

【月の道】

◉ 夜空に眩しく輝く月、東から西へと巡る月光の帯が群青の大空に刻まれる。

【月光浴の水辺】

◉ 時間をかけてゆっくり昇る月、それも地球が自転しているからだ。

【月物語】その五　竹取物語と月

竹取物語は、日本最初期の仮名で書かれた物語です。竹取物語というのは通称であり、『竹取翁の物語』とか『かぐや姫の物語』とも呼ばれています。書かれた年代はわかっておらず、作者もわかっていません。原本は存在しておらず、現在わたしたちが見ることのできる写本は室町時代初期に書かれた『竹取物語断簡』が最古とされています。書き写された絵巻物は複数存在し、国会図書館を初めいくつかの大学図書館のデジタルアーカイブで見ることが可能になっています。

竹取物語に関する著作が予想外に多いので、この創作話の魅力には秘密があるようです。気になった話題を二三取り上げてみましょう。

「……『竹取物語』は古代インドの天人流謫譚（天の神々が罪を犯し地上に流刑される話）に精通した我が国の知識人が、仏書漢籍や我が国の羽衣説話（はごろも伝説）・ちいさ子譚（一寸法師神話）・求婚難題譚などの民間伝承を利用して創作した日本版天人流謫譚である……」（『語られざるかぐやひめ』高橋宣勝より）という見方が比較的わかりやすい案です。もう一つは、竹取物語の登場人物達が実在の人物に重なるという話です。

かぐや姫は実在した？

学術的な評価は良く解りませんが、梅澤恵美子の『竹取物語と中将姫伝説』（三一書房）によると、「……『竹取物語』が、あまりに現実離れしていることから、架空の物語と思われて

つきの百姿　月宮迎　竹とり　月岡芳年

に登場する人物達が、実際に実在していたことから、単なる物語ではなく八世紀の政治背景を暗示するための書物ではないかと、……中略……、じつは、このことは既に江戸時代の国学者である加納諸平が見事に考証していることである。加納諸平は、朝廷の歴代の重臣たちの名が記されている『公卿補任《くぎょうぶにん》』という古代の閣僚名簿から、文武五年（七〇一年）の閣僚たちのなかに物語の登場人物の名前をみつけだしたのである……」と述べ、一般に言われるように『竹取物語』が全くの創作物語であるという認識とは異なる話を紹介しています。

多分、読者の中にも『竹取物語』を忘れかけている方がおられると思います。面白い話が多数存在します。この際

竹取り物語を知らない子供はいないと思いますが、少し不安です。時代が変わると常識と思っていることが、全くの非常識になっていることがあるからです。日本人でありながら日本の昔話ができなくなるというのは悲しいことです。という私も忘れかけていて、七夕の牽牛と織女の話が一瞬よぎってしまう始末です。七夕の織姫と彦星は天の川が舞台ですが、竹取物語は月下界の話です。子供の頃から何度も見聞きした

メージを月岡芳年《よしとし》の月百姿《つきひゃくし》の中に見つけました。芳年の描画力は見事です。いろいろ見た中で一番素晴らしい庶民的なイメージです。しかしこの話のもとは左のような竹取物語の絵巻物が原典であります。芳年も多分、絵巻物のイメージを参考にしたはずです。根本的に異なるのは平安期のいわゆるアイソメトリック図法に近い視点で描かれていますが、芳年の視線は様式に拘束されない自由さが魅力です。

竹取物語は、日本最古とされる物語で作者成立年は未だに不詳です。ここに挙げた三点の画像は、かぐや姫が月に帰る同じ場面です。かき写されるたびに微妙な変更が加えられているのが面白いですね。

「竹取物語絵巻」國學院大學蔵

「竹取物語絵巻」月へ帰って行くかぐや姫　土佐広通

「竹取物語絵巻」国会図書館蔵　正保３年版（1646）に近いもの

【田んぼの中の月】

◉ 夜の田園風景、田植えを終えた田園に月の光が優しく照らし出す。

【月と星のイメージ】

◉ 晴れた夜空に星の流れ、西の水平線に今にも沈みそうな月。せっかくだから一緒に写ろうか。

【時空の回廊】

◉月が日ごと姿を変えて天空を巡る。

【月の刻印】

◉ 一本の木、大地に根を張り、どれくらいの月日が流れたのだろう、月と星が寄り添うように時を刻んでゆく

【青い時空】

◉ 太陽が沈み、薄暮の光に辺りが覆われ青の世界に染まる頃。

COLUMN

詩片『月に寄す』

おまえが蒼白ざめて見えるのは
生まれの異なった星達の間を
ひとりさまよいながら、
變らずに見つめるに
相應しいものを見出さない
淋しい眼のやうに、
絶えず變わりながら
み空を登り地上を眺めるここに
疲れた為か。
私の「精神《こころ》」の選びし妹よ、
私の精神は
お前を見つめ、やがて人の世の
哀しみを悟る……

「シェリ選集」星谷剛一訳、若月書店より

【月物語】その六 月世界旅行

月に旅する物語を出版順に紹介してみましょう。最初はギリシアの天文学者プルタルコスによって一世紀に書かれた『月の表面について』が月の大きさや形、地球からの距離などをテーマにしており、月旅行記の端緒と考えられます。その後、時代は一気に一七世紀に飛びます。なんといってもガリレオの『星界の報告』（一六一〇年）でこのジャンル全体の火付け役になりました。ルキアノスの『本当の話』（一六三四年）はイカロメニッポスという月旅行者が偶然月に到着するファンタジーです。同じ年に書かれたケプラーの『夢』（一六三四年）は、月に大気が存在するなど、空想と科学が混在する夢物語です。その二年後に出版されたジョン・ウィルキンズの『新世界発見』（一六三八年）はケプラーの『夢』を下敷きに書かれています。正式なタイトルは『新世界発見、あるいは月に居住可能な世界があり得ることを証明しようとする講話』になります。本書は、十七世紀の科学啓蒙書の先駆けとして高い評価を得ています。作者のウィルキンズは哲学者でロイヤルソサエティの創立メンバーであったからでしょう。本書の中には月を植民地化するという、時代背景が見えます。同じ年に書かれたF・ゴドウィンの『月世界の男』①は野生の白鳥を訓練して、月へ旅行する荒唐無稽な話です。ケプラーの『夢』とあわせて月旅行文学というジャンルを確立しました。アタナシウス・キルヒャーの『忘我の旅』（一六五六年）はキルヒャーの宇宙旅行記ですが、最初に月に到着し、月や山を観察します。

以上のように、多数の月の旅行記を背景に十九世紀の科学技術の発展を加えて、ジュール・ヴェルヌの『月世界旅行』②（一八七〇年）や、H・G・ウェルズの『月の最初の人々』（一九〇〇）など、月旅行の大作が書かれたのです。

サミュエル・ブルント、私を月に連れてって『カクロガリニアへの旅』の挿絵。18世紀初頭。

①F.ゴドウィン『月世界の男』1638年より

②ジュール・ヴェルヌ『月世界旅行』1870年より

【月夜の菜の花畑】

◉辺り一面黄色の世界、夜の菜の花畑、ここは作付け面積日本一と言われる滝川市の菜の花畑だ。

【月物語】その七　描かれた日本の月

月のイメージと言えば、日本人ならみなどこかで見慣れた心象風景として記憶に残っているでしょう。それは具体的には何であったのか少し調べてみました。あらかじめ予測できたことですが、江戸期の水墨画や明治期の浮世絵の世界から影響を受けていたのではないかという結論に達しました。とすると、その月のイメージは誰が描いたどんな絵なのか、ということになります。

図書館でふと手にした『One Hundred Aspects of the Moon』という英語版の画集に、月岡芳年《よしとし》という浮世絵師の描いた絵が百葉載っていました。確かに百葉の月を題材にした絵であり、この中に孫悟空やかぐや姫を主題にした浮世絵も含まれていたので、驚きました。花鳥風月を強く感じたからです。

月岡芳年は（一八三九～九二）は、幕末から明治にかけて活躍した浮世絵師です。文明開化の時代、精力的に画業に励み、「最後の浮世絵師」と称されています。

師匠である歌川国芳の下で浮世絵を学び、武者絵や歴史画、美人画など幅広いジャンルで活躍しました。当時の人気は随一で、名実ともに明治時代を代表する浮世絵師と言うことができます。彼の絵は大胆な構図が特徴で、血みどろ絵と呼ばれる残酷な表現や、女性の妖艶さを捉えた美人画などの魅力は、現代にも隠れたファンが数多くいるということです。

「月」というモチーフはしばしば浮世絵の中に描かれていますが、さすがに百点となると『月百姿』以外には無いでしょう。出版されている画集が英語版ということは西洋人にも芳年の花鳥風月の世界が魅力的に見えるのでしょう。日本で出版されている画集には一部分しか集録されていないものが多いのは残念です。その原因は幽霊や血の飛び散る刺激的な絵の方が有名で『月百姿《つきひゃくし》』はその業績に隠れてしまったということなのかも知れません。

月岡芳年の評価を調べると、松岡正剛氏が『ルナティックス　月を遊学する』（中公文庫）の中で芳年を取り上げています。氏は、『月百姿』を「古今東西にも類例を見ない妖気ただよう月の絵尽くし」と絶賛されています。

『月百姿』は正に百枚の妖力を含む月をテーマにした歴史画です。日本の情念が見事に表現されています。ちなみにそのタイトルをあげてみると、「吉野山夜半月」、「金時山の月」「大物海上月」「狐家の月」「読書の月」「盆の月」「玉兎　孫悟空」「朱雀門の月」など残り九十二のタイトルになります。次頁①～⑤は芳年の月の描写です。（紙面の都合上一部分の掲載になります。）

時代が前後してしまいますが、月といえば好んで月をテーマに描いた長沢蘆雪《ろせつ》（丸山応挙の弟子）の水墨画「月夜山水図」⑥を挙げなければならないでしょう。墨の濃淡だけで遠近感のある空間を描いています。「朧月郭公《おぼろづきカッコウ》」も素晴らしいと思います。

モノクロで思い出されるのは歌川広重の「月に兎」⑦です。なかなか風情があって大好きな一枚です。多分、「月に雁」や「月二十八景」という名作もあるではないかという指摘もあるでしょう。残念ながら広重の「月二十八景」は「弓張り月」⑧の他に「葉こしの月」が残っているだけで、この二枚以外は残っていないということです。

水墨画や浮世絵の中の月を探すと、他にも名作が多数見つかるはずです。特定のモチーフに焦点を絞って比較してみるのも、鑑賞法の一つだと思います。

① 月百姿「つきのかつら」 月岡芳年

②「北山月」 豊原続秋（部分）

③「法輪寺の月」 横笛（部分）

④「むさしのの月」（部分）

⑤「南海月」（部分）

⑧ 歌川広重「月二十八景之内　弓張月　大短冊絵」雅趣あふれる深山千尋之谷間から見える弓張月。

⑦ 歌川広重「月に兎」

⑥ 長沢蘆雪「月夜山水図」

【時の発着駅】

◉ 地球誕生 46 億年永永と繰り返されてきた循環の世界に生まれ、育ち、朽ち果て、また再生してゆく。

【沈み行く月跡】

◉太陽が沈み、やっと見え始めた細い眉のような月も水平線の彼方へと吸い込まれていくようです。

【月、太陽、星の饗宴】

◉ 太陽が沈み、月も後を追うように沈んでゆく。そして、夜の帳が下りる頃、星たちの世界が広がる。

【波に削られた海岸オブジェ】

◉ここは日本海、突き出たローソク岩も波の浸食で年々形を変えている。

【脈動する太陽と月】

◉ 満月の月が昇り、天空に駆け上がる、次の日太陽がすぐ横から昇り、光の恵みをもたらす。

【駆け上がる白道の刻】

◉北海道の冬、ここは道東の流氷が打ち寄せる網走海岸。満月が昇り、水面に映る月が凍り付いてしまいそう。

【月光と花園】

●夜の花園、群青の空に月の光が帯となって写し出された。

【流氷の月道痕】

◉流氷の海、静寂の中で流氷の擦れ合う音が天空の流れのリズムとのアンサンブルを奏でる。

COLUMN 月の雑学

【月偏の漢字と人体】

人体の部位を表す漢字にはなぜか月偏が付いています。普段あまり意識しないのですが、腹、胃、腸、肺、胸、肌、脈、腰、背、肛などの漢字があります。月偏は「にくづき」といいます。なんとにくづき偏の漢字は百十五個もあります。月による潮汐の影響を受ける「月経」や手相を判断する材料である「月丘」や体の部位の「爪半月」、「半月板」、「半月弁」、「月状骨」など単語になるとさらに様々な言葉が存在しますので探してみましょう。

【クロワッサンの話】

カフェ・オ・レと焼きたてのクロワッサンといえばモーニングメニューの定番ですが、仏語でcroissantは、「上弦の月」の意味です。中国語ではヒツジの角の形のパンを「羊角麵包《ヤンジャオミエンバオ》」と呼ぶそうです。なぜ月なのか?というと、言い伝えの一つとしては、「……一七世紀末、ウィーンに侵入したトルコ軍の地下道を掘る音を早起きのパン屋が聞きつけて撃退に協力、それを記念して、トルコの国章三日月をかたどったパンを作ったのが始まりという。……」(『月 百分の一事典』小学館より)があります。この話は特に証拠のない話なので、若干筋の違う話もあるようですが、まあクロワッサンはおいしいので細かい話はさておき、食すときの蘊蓄《ウンチク》話に加えてください。

中国の日神と月神（山海経）

【月がなかったら人間も存在しなかった?】

月はどうしてできたか?という話には四つの説があります。中でも有力なのは、四十五億年前の地球に火星サイズの隕石が衝突し、飛び散ったマグマが地球の引力で地球の周りを回りながら集まって、現在の月の形に凝固したという説です。問題は若し月がなかったら、生物の生存可能な環境ができなかったであろうと言うことです。また、地球の回転が高速になり、地球がひっくり返ってしまう確率が高いと言われています。その他、月の引力で地球の海に潮汐がおこることや、地球が太陽の公転軸に対して23・4度傾斜しているのも生命の誕生の大きな要因でもあります。

つまり、巨大隕石が地球に衝突し、月が形成される過程で地球の傾きや月とのバランスで、生命が誕生するための千載一遇のポジションに落ち着いたということになります。そう考えると、月の見方も変わるのではないでしょうか。

【月の虹】

満月の夜には月の光でも虹を見ることができます。アリストテレスは五十年間で二度しか見ることができなかったと『気象論』に書いている月虹ですが、ハワイのオアフ島では空気が澄んでおり、周囲が暗いので、満月の夜に時々観測できます。

【月の錯視問題】

みなさんは、月が見る度に大きく見えたり小さく見えたりする事実に気づいているはずです。月は、はるか彼方にあるために、本来大きく見えたり、小さく見えたりすることは無いはずです。もし、考慮が必要な要素があるとすれば、月は地球の周りを楕円軌道を描いて回転していますので、地球に一番近いときと、遠いときの差が一〇％ほどあります。しかしこれは実際の大きさにしてみればほんの微々たる差にしかなりません。なにせ地平線近くにある月は天頂近くにある月より二〜三倍も大きく見えるのですから。

この話題は学生時代に知覚心理学関連の本で知ったテーマですが、月の大きさに関する錯視問題は、なんと現代でもさして変化がないようです。本書の写真家星河さんの写真でも、月の大きさが異様に大きい写真と実に小さい写真があることにお気づきでしょう。知覚心理学の授業で記憶しているのは、水平線に近い位置に見る月が大きく見え、頭上に見上げるようなケースでは小さく見えるのは、水平線に近い場合は周囲に距離を判断する建物などの情報があるから、大きく、しかも近く見えるのだという説が現在も主流のようです。その他に、空を仰ぎ見る場合は眼球につながる筋肉が引っ張られて月が小さく見えるのではないかという説を記憶していますが、この説は論外でしょう。

人間の脳がかなりだまされやすいというのは、遠近法の実験でよく知られています。パースペクティヴの中に置かれた同じ大きさの形状は、知覚の恒常性の原理で、奥に移動すると徐々に大きく見えるのです。この原理を理解していても、今ひとつ納得していないのは私だけなのでしょうか。

【月の住人？】

月には大気が無く、高温と超低温が繰り返す、生物の存在不能な厳しい環境であることは、今や常識ですが、ニューヨーク・サンというメジャーな新聞に一八三五年、アフリカで天文観測を始めたジョン・ハーシェル（天王星の発見者ウィリアム・ハーシェルの息子）からの報告として、驚くべき記事が掲載されました。それは、月には奇妙な植物や知能を持ったコウモリのような、空を飛ぶ知的な生物が住んでいるというものでした。この作り話はリチャード・ロックという記者によってでっち上げられた記事で、別の記者によって暴露されたため、科学者達にハーシェルの原稿を見せるように詰め寄られ、彼はしぶしぶ作り話であることを認めました。

もう一件、ドイツの天文学者F・F・パウラ、グルイトフィセンが一八四八年、月の上に都市を発見したと報告しました。この発見は天文学でいうところの「シーイング」という観測時の大気の影響などによる誤解が原因で、宇宙時代になるまでは否定できなかったという、これまた嘘のような話です。このようなデマが十九世紀に流布していたこと自体が驚きです。

1835 年ニューヨーク・サンに「ジョン・ハーシェルの発見報告」として掲載された「月の動物」と題する絵。

【時を刻む天空時計】

◉ 太陽が沈んだその後を追うように月が西の空に沈んでいった。

【月と太陽の物語】

◉ 地球が誕生して46億年、今も繰り返される月と太陽の巡行、天空物語は続いてゆく。

【親子の木】

● 最後に残された２本の木に、もうすぐお別れの日がやってくる。

【月暈の光】

●淡い月暈を見つめていると、引き込まれてしまいそうな不思議な感覚だった。

【月に捧げる50冊】

「月物語」を書くにあたって参考にしたり、引用させていただいた資料のリストです。ここではできるだけ書店で購入できるか、書店にない場合は図書館で借りられる範囲で選びました。

❶ゲーテ、片山敏彦訳、1952、『ゲーテ詩集』、岩波書店。
❷中河與一訳注、1956、『竹取物語』、角川書店。
❸レオナルド・ダ・ヴィンチ、杉浦明平訳、1958、『レオナルド・ダ・ヴィンチの手記 下』、岩波書店。
❹中原中也、1960、『中原中也全集』、角川書店。
❺渡辺正雄、1962、『科学と英文学』、東京研究社出版。
❻ガリレオ、藪内清訳、1963、『星界の報告』、河出書房新社。
❼竹内均、伊藤喬三著、1967、『新版月の科学』、河出書房新社。
❽堀内大學、1970、『堀口大學全詩集』、筑摩書房。
❾堀内大學、1971、『詩集 月かげの虹』、筑摩書房。
❿L・ワトスン、1973、『スーパーネイチュア』、蒼樹書房。
⓫ロルカ、小海永二訳、1975、『ロルカ詩集』、飯塚書店。

⓬桜井祐三、辻祀訳、1975、『竹取物語』、さ・え・ら書房。

⓭ガリレオ・ガリレイ、山田慶次+谷泰訳、1976、『星界の報告』、岩波書店。

⓮コリン・ウイルソン、田中三彦+上野圭一+菅靖彦訳、1982、『スターシーカーズ』、平川書店。

⓯草下英明著、1982、『星の文学・美術』、れんが書房新社。

⓰谷川健一、大林太良、松前健ほか著、1983、『日本民族文化大系2―太陽と月―古代人の宇宙観と死生観』、小学館。

⓱プリニウス、中野定雄+中野里美+中野美代訳、1986、『プリニウスの博物誌I』、雄山閣。

⓲M・H・ニコルソン、1986、『美と科学のインターフェイス』、平凡社。

⓳ジョスリン・ゴドウィン、川島昭夫訳、1986、『キルヒヤーの世界図鑑』、工作舎。

⓴G・デッラ・ポルタ、澤井繁男訳、1990、『自然魔術』、青土社。
㉑トンマーゾ・カンパネッラ、澤井繁男訳、1990、『ガリレオの弁明』、工作舎。
㉒プリニウス、大槻真一郎責任編集、1994、『博物誌』、八坂書房。
㉓ベルトルト・ラウファー、杉本剛訳、1994、『飛行の古代史』、博品社。
㉔ダイアナ・ブルートン著、鏡リュウジ訳、1996、『月世界大全』、青土社。
㉕A・L・リーバー、藤原正彦+藤原美子訳、1996、『増補 月の魔力』、東京書籍。
㉖星河光佑、1997、『月』、**青菁社**。
㉗福島久雄著、1997、『孔子の見た星空―古典詩文の星を読む』、大修館書店。
㉘E・C・クラップ著、田川憲二郎訳、1998、『天と王とシャーマン』、三田出版会。
㉙スタジオ・ニッポニカ編、1998『百分の一科事典・月』小学館文庫。
㉚ルナール、辻祀訳、1998、『博物誌』、岩波書店。
㉛梅澤恵美子、1998、『竹取物語と中将姫伝説』、三一書房。
㉜齋藤国治、1999、『定家『明月記』の天文記録』、慶友社。
㉝野本陽代著、1999、『月の神秘』ＰＨＰ研究所。
㉞高橋庄司、1999、『月に泣く蕪村《新装版》』、春秋社。
㉟グリム兄弟ほか著、1999、『書物の王国4・月』、国書刊行会。
㊱林完次著、2000、『月の本』、角川書店。

㊲P.D.Spudis 著、水谷仁訳、2000、『月の科学』、シュプリンガー・フェアラーク東京。

㊳ドナ・ヘネス著、2004、『月の本』、真喜志順子訳、鏡リュウジ監修、河出書房新社。

㊴松岡正剛著、2005、『ルナティックス』中公文庫。

㊵星河光佑、2005、『まいにちの月』、**青菁社**。

㊶関根賢司、2005、『竹取物語論 神話/系譜学』、おうふう。

㊷ネイチャー・プロ編集室編、2006、『月に恋』ＰＨＰ研究所。

㊸Michael Carlowicz、2007、『moon』、Abrams, New York
㊹クリストファー・ナイト&アランバトラー著、南山宏訳、2007、『月は誰が創ったか』、学習研究社。

㊺ジャン・ピエール・モーリ、2008、『ガリレオ』、創元社。

㊻クリストファー・ウォーカー著、山本啓二、河田晶子訳、2008、『望遠鏡以前の天文学』、恒星社厚生閣。

㊼編集：太田記念美術館編、2009、『芳年―「風俗三十二相」と「月百姿」』、太田記念美術館。

㊽フィリップ・ド・ラコタルディエール監修、2009、『ジュール・ヴェルヌの世紀』、東洋書林。

㊾ジュールズ・キャシュフォード著、片柳佐智子訳、2010、『図説 月の文化史』、柊風舎。

㊿アンニバレ・ファントリ著、須藤和夫訳、2010、『ガリレオ』、みすず書房。

月の読書案内

月を知るための推薦図書です。p.123 の参考資料の中からセレクトしました。書店、ネット販売、図書館の順でお探しいただけば、必ず見つかると思います。
(杉山久仁彦)

副題のように月の「伝説から科学まで」幅広い話題を収集したポピュラーサイエンス本。月に関する雑学百科ですが、どちらかというと宇宙開発に関する情報がたいへん詳しく解説されています。
◉野本陽代著、『図解 月の神秘』1999、PHP 研究所刊

星の本を数多く書かれている林完次氏の月に関する編集本です。造本やレイアウトもたいへん凝った綺麗な本なので「月」マニア必携の一冊でしょう。月の写真と科学史の両面を楽しめます。
◉林完次著、『月の本』、角川書店刊

ガリレオが自作の望遠鏡を用いて初めて月を観察したときの様子や、彼を取り巻く学者達の駆け引きから、地動説を確信するに至る過程を見事に解き明かした図説本です。
◉ジャン・ピエール・モーリ著、『ガリレオ』、[知の再発見] 双書 140、創元社刊

月と人の関わりに関する図入りの本を探していた際に、新刊本としての本書をみつけました。上下二巻の大作ですが、深い内容にもかかわらず図入りなので、大変読みやすく一気に読むことができます。
◉ジュールズ・キャシュフォード著、『図説月の文化史』、柊風舎刊

月に関する古代神話から最新の宇宙科学までを扱った月の百科事典のような内容です。カラー図版が多い本なので、ゆったりした気分で読みたい一冊です。
◉ダイアナ・ブルートン著、鏡リュウジ訳、『月世界大全』、青土社刊

月の写真と歴史的なイメージを収集した写真集です。西洋の月のイメージを数多く収集しています。
◉ Michael Carlowicz、『moon』、Abrams, New York

本書の写真家星河光佑の写真集『月』は本書の前身を成すもので、月の写真集としては入門的なミニ写真集です。

◉星河光佑、秋月さやか著、『月』、青菁社刊

月に関する本は数々ありますが、本書は月のもつ魅力を余すところなく表現している一冊です。美しい写真と文学や詩など古典から現代まで実に良く調べられています。お気に入りの一冊です。
◉ネイチャー・プロ編集室編、『月に恋』、PHP 研究所刊

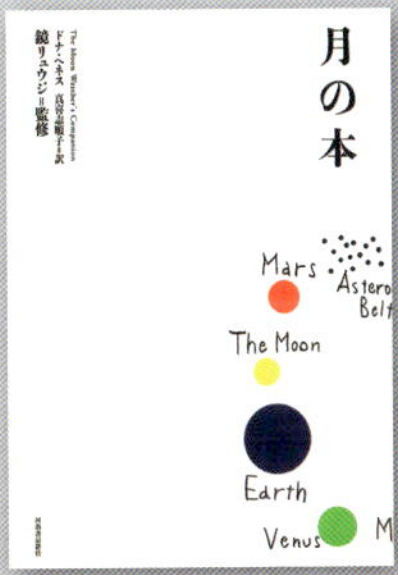

気楽に月の豆知識を読みたい、あるいは、短時間に月のうんちくを身につけたい人にはお勧めです。女の子のバッグにお似合いのおしゃれな一冊です。
◉ドナ・ヘネス著、『月の本』、真喜志順子訳、鏡リュウジ監修、河出書房新社刊

月に関する百科事典なのですが文庫本であり、『百分の一科事典』とはなかなかしゃれたタイトルです。文庫本ではありますが、突然月について調べ物をする際にはたいへん便利な一冊です。
◉スタジオ・ニッポニカ編、『百分の一科事典・月』小学館文庫

本書は特に「月世界旅行」に関する書籍ではありません。どちらかというとジュール・ヴェルヌの発想の源である 18 ～ 19 世紀の科学や発見の源を編集した書籍です。退屈なときに読むにはうってつけの見て楽しい本です。
◉フィリップ・ド・ラ・コタルディエール監修、『ジュール・ヴェルヌの世紀』、東洋書林刊

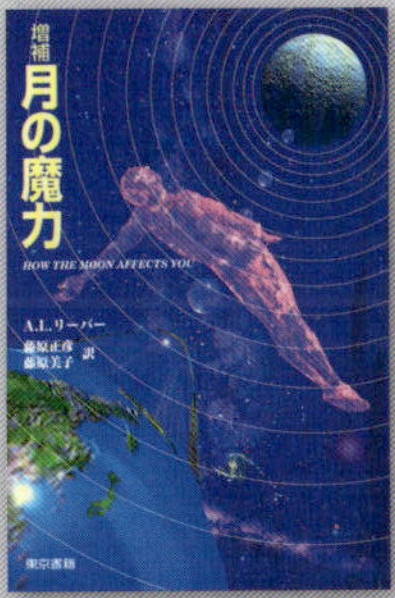

昔から月には人を狂わす魔力があるなどと言われており、様々なフィクションが書かれていますが、本書は多くのデータを元に月の影響力を科学的に調査し検証した結果の報告になっています。
◉ A.L. リーバー著、藤原正彦、藤原美子訳、増補『月の魔力』東京書籍刊

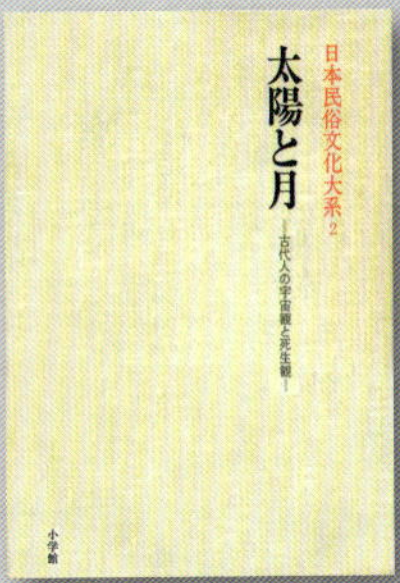

本書は日本における太陽や月に関する民俗学的研究書であります。たまにはすこし堅い本を読まれるのも良いのでは無いでしょうか。
◉谷川健一、大林太良、松前健ほか著、『日本民族文化大系 2 ―太陽と月―古代人の宇宙観と死生観』、小学館刊

副題に「月を遊学する」を掲げる本書は、ご存知の巨人松岡正剛氏の月に関するエッセイ集。松岡氏が三島由紀夫と月岡芳年に関して意気投合した下りは大変面白く読めました。
◉松岡正剛著、『ルナティックス』2005、中公文庫

本書は 31 編の月に関する短編小説集。この中に本書と同タイトルの、オスカル・パニッツアの『月物語』や宮沢賢治の『二十六夜』が収容されています。個人的にはメアリー・ルイーザ・モールズワース著『かっこう時計』の第 12 章「月の裏側」がお気に入りです。
◉『書物の王国 4・月』、国書刊行会刊

あとがき

永遠の再生を繰り返す月　夜ごと移り変わるその月、悠久の時を超え、今も地球の周りを廻っています。

月はこの地球上にあらゆる影響を与えてきたことでしょう。

月は満ち欠けするだけでなく、月の引力が潮の満ち干を起こし、その水を司るものすべてに、少なからず影響を与え、生命の誕生、維持、繁栄のために体内の水分バランスやホルモンなど液体として流れるものに作用すると考えられています。

臨月を迎えた妊婦さんは満月の日には生まれやすいと言われ、地球の生命はその干満のサイクルの中で育まれてきたとも言われています。

しかし、月は今、毎年少しずつ地球から離れています。と言っても年に3センチ程のようで、現代人に影響があることではないですが、月がなければ地球はいったいどうなっていたでしょうか、きっと不安定な気象変動が永遠に続き、今のような、生き物の楽園とはならなかったのではないでしょうか。

また今の地球の一日は約二十四時間ですが太古の昔は月と地球が接近しており、一日がとても短い時間だったようです。

そのため朝が来たかと思ったらすぐに夜、太陽や月は目に見えて、昇ったと思ったらすぐに沈むそんなサイクルのようでした。

現在、地球は月と太陽の絶妙なバランスの位置にあり、暖か過ぎず、冷え過ぎず、氷や水蒸気だけでなく生き物に必要な流れる水として存在できる奇跡の惑星なのです。

そして、その地球を支えているのは月の力のお蔭でもあり、その月は今も様々な未知の広がりと神秘の力で私たちを未来へと導いてくれる時の案内人なのかも知れません。

フォトグラファー　星河光佑

月

月物語の原稿を書きながら、古代から現代までの人の心や文化の変遷を、「月」というシンボルを通して見てきました。調べれば調べるほど深い話が続々と出てきます。紙面の関係でかなり駆け足で書いていますが、紙面が広ければとても手に負えなかったのかも知れません。【月物語】には様々なヒントを埋め込んでいますので、この際月を深く考える時間を持つのも良いかも知れません。

現代の人々は特に気にとめることもない月ですが、古代から近代にかけて月は最大の想像力の源でした。なかでも月に旅する話はあまりにも多くて、ほんの一部しか紹介できなかったのは残念です。文学における「月」は第一級のモチーフのようです。ダンテの『神曲』やミルトンの『失楽園』も『竹取物語』も「月」を基軸に分析することができます。ギリシアの万能学者アリストテレスが月に関しては宇宙ではなく、月下界と称して、宇宙との境界線上に月を位置づけたことはことのほか感心する次第です。それだけ月は人類の身近な存在だったのです。

星河さんの多重露光撮影のエネルギーには感心します。見るからに凍てつく風景の中で根気よく撮り下ろされたこれらの写真は、我々の肉眼では見ることのできない未知の風景《ランドスケープ》を見せてくれます。

暖かい部屋でクロワッサンと紅茶でもいただきながら本書を鑑賞しましょう。

グラフィック・デザイナー　杉山久仁彦

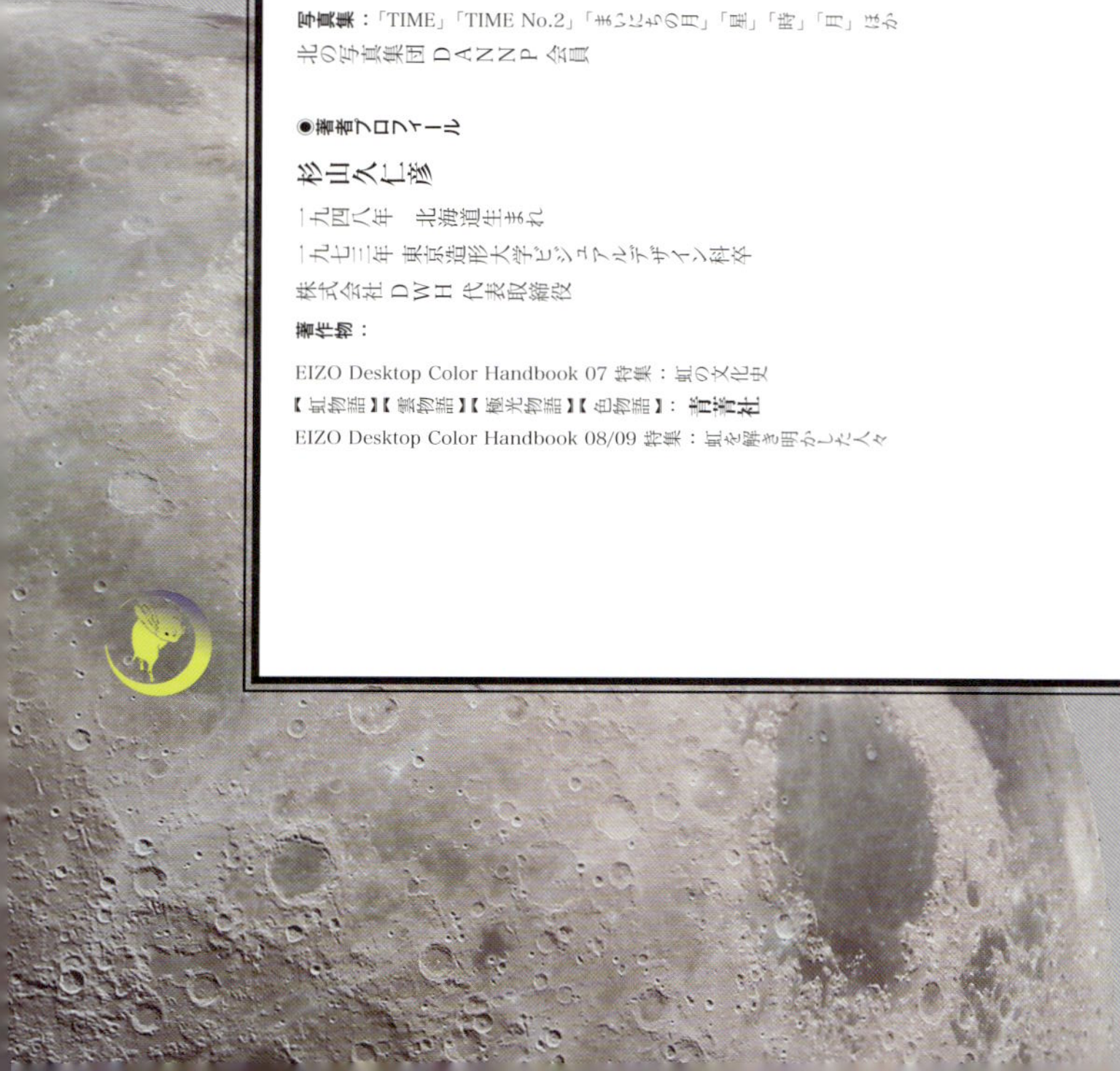

◉写真家プロフィール

星河光佑

一九五九年　北海道生まれ

長時間露光撮影により、時の流れ、積み重なる時の形の不思議を、写真の中に表現する手法で、主に天象の写真を撮影する。

写真集：「TIME」「TIME No.2」「まいにちの月」「星」「時」「月」ほか

北の写真集団 DANNP 会員

◉著者プロフィール

杉山久仁彦

一九四八年　北海道生まれ

一九七三年 東京造形大学ビジュアルデザイン科卒

株式会社 DWH 代表取締役

著作物：

EIZO Desktop Color Handbook 07 特集：虹の文化史

【虹物語】【雲物語】【極光物語】【色物語】：**青菁社**

EIZO Desktop Color Handbook 08/09 特集：虹を解き明かした人々

【月物語】

発行日…二〇一〇年十一月二十五日

著者

写真……星河光佑

文………杉山久仁彦

装丁・デザイン……杉山久仁彦

制作協力……蒲原裕美子（時空工房）

印刷……大平印刷株式会社

製本……新日本製本株式会社

発行者…日下部忠男

発行所…株式会社 **青菁社**

〒603-8053 京都市北区上賀茂岩ヶ垣内町八九‐七

Tel:075-721-5755 Fax:075-722-3995

振替　01060-1-17590

ISBN978-4-88350-062-8 C0072